中国石油岗位员工安全手册

测井操作工安全手册

中国石油天然气集团公司安全环保与节能部 编

石油工业出版社

图书在版编目 (CIP) 数据

测井操作工安全手册/中国石油天然气集团公司安全环保与节能部编.北京：石油工业出版社，2013.8
（中国石油岗位员工安全手册）
ISBN 978-7-5021-9695-0

Ⅰ.测…
Ⅱ.中…
Ⅲ.油气测井-安全技术-技术手册
Ⅳ.TE151-62

中国版本图书馆 CIP 数据核字（2013）第 170587 号

出版发行：石油工业出版社
　　　　　（北京安定门外安华里2区1号　100011）
　　　　　网　　址：http://pip.cnpc.com.cn
　　　　　编辑部：(010)64255590　发行部：(010)64523620
经　　销：全国新华书店
印　　刷：北京中石油彩色印刷有限责任公司

2013年8月第1版　2013年12月第2次印刷
850×1168毫米　开本：1/32　印张：2.625
字数：35千字

定价：10.00元
（如出现印装质量问题，我社发行部负责调换）
版权所有，翻印必究

前 言

　　安全事关广大员工的幸福和安康,事关公司的价值和在公众中的形象,每一名员工都必须重视安全、实现安全。

　　公司鼓励员工养成良好的作业习惯。公司有责任为员工提供安全的工作环境,员工应严格遵守安全规定。

　　公司鼓励员工对安全工作提出改进建议。员工有权拒绝执行可能危及安全的违章指挥,停止任何不安全的作业。任何人出于对安全考虑而停止了工作或提出建议,都应该得到表扬、鼓励和奖励。

　　公司鼓励员工汇报事故隐患并从事故中吸取经验教训。所有员工发现险情事件、不安全的行为和状态都应汇报;所有险情事件、不安全的行为和状态都应调查分析,并从中分享经验教训，这对改进安全来讲是非常重要的。

为进一步规范岗位员工安全培训，夯实安全生产基础，中国石油天然气集团公司安全环保与节能部组织编写了《中国石油岗位员工安全手册》系列培训教材。手册以安全为主线，以风险识别和控制为依据，以案例分析为警示，紧密结合岗位员工的现实需要，旨在有效指导一线岗位员工的工作和学习。本系列培训教材为岗位员工提供了应该了解的基本安全信息，每一位员工都应该认真学习、熟知这些信息，并应用到工作中去。

本书是为测井工编写的安全手册，主要内容包括：测井作业的基本安全要求、操作安全要求、事故报告、突发事件的处理、应急设备、常见"三违"行为和典型事故案例等。中国石油集团测井有限公司承担了本手册的编写任务，主要由冯相君、许琦、安小龙、赵喜亮、姜乔、李红勇、李千里、张培联执笔，胡启月、董国成、沈麟书、熊长善给予了指导，中国石油工程技术分公司安涛，测井有限公司周新帮，长城钻探工程公司张建鹏、唐良民，渤海钻探工程公司胡庆涛，大庆钻探工程公司何柏峰等专家做了审定和修改工作。在此表示衷心感谢！

编　者

2013年3月

承　诺

本人已经认真阅读了本手册，了解了其中的内容，在此，我保证在任何时候都将履行自己的安全职责，并为创造安全的作业环境和为顾客提供满意的服务贡献力量。

我会：

正确佩戴劳动防护用品；

正确使用HSE防护设施和应急设备；

严格按照岗位"两书一表"内容、规定进行操作；

从事危险作业前及时办理作业许可证，并落实和执行风险削减控制措施；

保持工作场所干净、整洁；

制止任何见到的不安全行为；

向有关领导报告所有的事故、未遂事件和隐患；

遵守并提醒他人执行现场HSE标识和指令。

签名：＿＿＿＿＿＿

目　录

第一章　基本安全要求 …………………… 1

第二章　操作安全要求 …………………… 4

第三章　事故报告 …………………………19

第四章　突发事件处理程序及要求 …………21

第五章　应急设备 …………………………35

附录一　相关安全资料 ……………………43

附录二　常见习惯性违章行为 ……………47

附录三　典型事故案例 ……………………58

第一章 基本安全要求

一、测井工艺简介和安全特点

测井是通过井下仪器在井筒中获取地质和工程参数的作业,为钻井工程和油气田勘探开发提供依据。

测井主要设备包括测井车辆、测井仪器、测井绞车、井口滑轮、电缆及相关辅助设备等。

测井施工属于野外作业,队伍流动性大,存在交通安全风险及放射性物质泄漏、丢失、落井等失控风险;现场作业中,还存在高空坠落、触电、火灾、物体打击、机械伤害、环境污染等风险;还可能遇到井口溢流、井涌、井喷等工程事故风险;若赴海上、沙漠腹地及山区作业,还涉及台风、风暴潮、沙尘暴、泥石流等风险,可能造成环境污染和人员伤害等事故。

二、测井工基本安全要求

● 操作人员基本安全行为要求

1. 必须经过岗前培训、安全培训，持证上岗，包括井控证、放射工作人员证等有效证件，必要时还应持有其他特种作业人员操作证。

2. 从事危险作业时，必须按照安全管理规定办理相关票证，措施落实到位。需要纳入作业许可管理的，要严格按照作业许可规定执行。

3. 正确穿（佩）戴符合规定的劳动防护用品，进行放射性作业时，必须佩戴个人剂量牌和特殊防护用品。

4. 正确使用辐射监测仪、硫化氢监测仪等监测设备以及正压呼吸器等应急防护设备。

5. 掌握本岗位的操作规程，熟知岗位风险及削减控制措施和应急处理程序。

6. 严禁脱岗、串岗、睡岗和酒后上岗。

7. 严禁在工作场所中吸烟，禁携带火种、易燃易爆品进入作业现场。

8. 严格遵守乘车规定，严禁搭乘无关人员，行驶中严禁在车辆中仓或后仓载人。

9. 发现事故隐患或遇有紧急情况，应立即报告。

10. 施工完毕，必须做到工完、料净、场地清。

● **设备设施安全要求**

1. 配置的工器具、防护及消防设备设施要符合国家及行业标准。

2. 在用设备设施应定期检查维护，确保使用状态良好，监测测量设备须检验校准合格，并在有效期内使用。

3. 对所有设备设施应标识清楚，定位、定置摆放，不得随意拆除、移动或挪用。

4. 在用设备设施应有相应的操作规程、使用说明书等。

5. 应急（消防）通道不得堆放杂物，保持应急（消防）通道畅通。

6. 配备的应急物资（药品）保持完好，应有配备清单、使用记录。

第二章 操作安全要求

根据测井作业特点和生产流程，对各岗位操作的主要风险进行提示，并明确相应控制措施。

一、测井作业队长岗位

● 巡回检查

主要风险一：由于风险识别不充分、控制措施不当或不可预见的自然灾害等因素导致机械伤害、物体打击等。

控制措施：

1. 接受任务前，作业队长应确认队伍具备施工能力，岗位人员齐全，证件有效。

2. 作业前，召开班前会，岗位人员按属地管理要求进行风险识别，明确本次作业现场的紧急集合点、逃生线路、危害因素及应对措施等。

3. 严禁交叉作业。

4. 落实目视化管理要求，标识明显，摆放规范。

5.遇到雷电、大雾、暴雨、沙尘暴等恶劣天气，六级及以上大风时，应停止作业。

6.在坠落高度基准面2m及以上位置进行作业，应按照要求办理作业许可，做好个人防坠落保护措施，如安全绳等。

7.按照要求做好巡回检查，重点检查天地滑轮固定、放射源装卸防护措施落实情况、岗位人员坐岗情况等。

8.监督作业人员规范操作，严格做到"三不伤害"。

主要风险二：含H_2S或其他有害气体等导致中毒窒息。

控制措施：

1.正确使用有毒气体检测仪、正压呼吸器。

2.作业前，岗位人员应检测有毒有害气体情况，采取防控措施。

3.含H_2S或其他有害气体施工时，应佩戴正压呼吸器，携带气体检测仪。

4.现场作业时，工程车应停靠在仪器车上风口处。

5. 严禁在密闭空间启动车辆和发电机。

主要风险三：由于地层流体压力大于井内压力涌入井筒引发溢流或井涌等。

控制措施：

1. 施工前要详细了解井况信息，制订施工方案并严格执行。

2. 在测井过程中，井口值班人员应监视井口设备运行、井口溢流情况，严禁脱岗、睡岗，发现异常应及时采取措施。

3. 若进行带压作业，应严格按照高压施工要求进行操作。

二、操作工程师岗位

● 仪器连接调试

主要风险：仪器通电过程中可能漏电、误操作等导致触电。

控制措施：

1. 严格执行安全用电规定，外接电源时，必须先断电。

2.测井车接地良好，操作间（中仓）用电规范，灯具、开关、插座完好无损，电源开关漏电保护装置完好，无短路或漏电现象。

3.禁止带电接触机柜内的元件和连线，检修设备时，需停电后再进行。

4.连接、拆卸仪器前，应断电后再进行作业。

5.万用表和兆欧表应定期送检，确保量程准确可靠，正确使用。

● **资料采集**

主要风险：明暗烟火或电路短路等导致火灾。

控制措施：

1.井场严禁明暗烟火。

2.严禁私自接用大功率用电设备和使用不符合要求的漏电保护装置。

3.车辆进入现场作业和发电机启动前应安装并关闭阻火器。

4.禁止在操作间（中仓）内吸烟。

5. 灭火器完好有效，并定期（每月）检查。

6. 严格执行安全用电规定，接地良好，检查电路系统无短路或漏电现象。

三、井口工岗位

● **井口安装**

主要风险一：安装操作不规范、意外滑倒、碰到运动物体等导致机械伤害。

控制措施：

1. 清理施工环境，严禁无关人员进入。

2. 将应急物资摆放在便于拿取的位置。

3. 使用标准井口装置和辅助工具，使用符合承重要求的链条、连接销等，链条承重拉力不低于120kN。

4. 上、下钻井平台和台阶时应抓紧扶手，注意防滑、防摔倒。

5. 严禁私自动用井队工具和设备，不攀登高层平台。

6. 井口、地滑轮、绞车要三点一线，拉好手刹，打好堰木。

7. 设立工作区域，设置警戒线和警示标识，预留出口，严禁人员跨越警戒线。

8. 对仪器顶丝、销子及连接部位进行检查，确保仪器连接坚固。

9. 井口连接仪器时，保持通信畅通，各岗位默契配合。

10. 开关带压井口阀门时身体应侧对阀门。

11. 严禁触摸运动中的电缆、滑轮、马丁代克、滚筒，不能跨越电缆。

12. 绞车运行时，车后严禁站人。

主要风险二： 高处落物或飞溅物体等导致物体打击。

控制措施：

1. 地滑轮要用链条固定在钻机大梁上，天滑轮与张力计、T形卡连接，T形卡固定在吊卡内并锁好，再用安全吊带（装置）加固，防止掉落打击。

2.禁止抛掷工具和物件。

3.用正确的方法安装、搬运仪器,防止意外。

4.井口作业时,应做好防护措施,防止落物打击伤害。

主要风险三:起吊设备吊钩、索具或仪器捆扎不牢靠等导致起重伤害。

控制措施:

1.若涉及起重吊装作业,应按照要求做好许可审批,按规程吊装。

2.检查吊装控制装置、吊钩、钢丝绳等安全部件完好。

3.严禁在起吊的仪器设备下工作、站立、通过。

4.与钻井队配合好,起吊天滑轮要速度平稳。

● **放射源装卸操作**

主要风险一:装、卸放射源时防护不到位、误操作等。

控制措施:

1.与相关方签订施工安全协议或书面告知作业过

程中的危险点。

2. 装、卸放射源前，通知无关人员撤离到安全区域。

3. 装、卸放射源时严格按照规定穿戴防护用品。

4. 装、卸放射源后应及时洗手。

5. 有皮肤破损的人员严禁装、卸非密封源。

6. 装、卸放射源工具和护具应妥善保管。

7. 中子发生器打靶检验时，设立半径不小于30m的危险区，打靶终止20min后，人员方可接近下井仪器。

8. 使用带有中子发生器的仪器测井时，中子发生器断电20min后，仪器方能起出井口。

9. 严格按照标准操作，认真做好各环节工作质量，避免放射性作业返工，防止作业人员受到意外照射。

10. 正确佩戴个人剂量牌，每三个月进行监测。

主要风险二：装、卸放射源操作不当或防源落井保护盘（布）安装不当等导致放射源落井。

控制措施：

1. 严格按照放射源装、卸操作程序作业。

2.装放射源前,应检查确认仪器响应正常,连接牢靠。

3.装、卸放射源前,应检查确认放射源、仪器源仓、固定螺钉、装源工具完好,安装好防源落井保护盘(布),仪器处于静止状态。

4.装、卸放射源时要确保通信畅通,绞车工必须得到井口指令后方能进行操作。

5.针对复杂井况要与钻井队沟通协商,采取通井等措施,防止放射性仪器遇卡发生。

6.处理遇卡情况时,严禁超速起、下仪器,强拉电缆,防止落井。

主要风险三:放射性物质丢失、泄漏,随意丢弃生产垃圾等导致环境污染。

控制措施:

1.按规定定期对放射源库、运输车辆、源罐等进行辐射监测,防止污染。

2.严格落实属地管理职责,明确专人全程负责借源、押源、井场存放、装源、卸源、还源,作业队长全程监督，确保整个过程受控。

3. 同位素测井应回收井口溢流水，统一排放到蒸发池进行衰减和蒸发。

4. 对于过期放射性示踪剂以及放射性废物应带回由专人统一处置，杜绝染污。

5. 对所产生的工业垃圾集中收集，统一处置。

四、绞车工岗位

● **起、下电缆操作**

主要风险：仪器起、下过程中绞车操作不当或绞车故障等导致电缆打结、仪器遇卡。

控制措施：

1. 严格按照 SY 5726—2011《石油测井作业安全规范》等标准操作。

2. 按规定速度起、下仪器，记录下井仪器刚进入液面时的张力值。

3. 仪器下至井底遇阻后开始记录曲线，上提电缆开始测井，裸眼井段电缆静止不应超过 3min（特殊施工除外）。

4.上起电缆时，绞车工每隔500m设置极限张力值，并相应调整绞车扭矩阀。

5.仪器起下速度应均匀，不应超过4000m/h，距井底200m应减速慢下；进套管鞋时，起速不应超过600m/h，仪器上起离井口约 300m 时，应有专人在井口指挥，减速慢起。

● **遇阻、遇卡情况处理**

主要风险：遇阻、遇卡处理不当造成电缆拉断意外打击或碰伤人员导致机械伤害。

控制措施：

1.仪器遇阻、遇卡时，应由井队通井，严禁超速起、下仪器。

2.处理遇卡时，应收回推靠器，考虑电缆使用状况，逐渐增加到最大安全拉力（最大安全拉力 = 测井时正常拉力 + 拉力棒额定值的75% － 仪器刚进入泥浆时的拉力），最大安全拉力不应超过电缆额定值的 50%，电缆头张力应小于拉力棒额定值的75%。

3.按照电缆穿心打捞操作规程进行解卡作业。

4.处理遇卡前,应检查绞车系统、张力系统完好,掩木打好,防止电缆、其他机械部件损坏伤人。

5.处理遇卡上提电缆时,除担任指挥的人员外,其他人员应撤离到值班房或车内。

五、护源工岗位

● 放射源运输

主要风险:运输途中放射源保管不严、监控失效等导致放射源丢失、被盗。

控制措施:

1.严格落实放射源领用制度,办理放射源领用手续。

2.严格落实属地管理职责,明确专人全程负责借源、押源、井场存放、装源、卸源、还源。

3.严格落实放射源出库、运输、使用、入库等各环节的辐射监测,并记录检测结果,确保源的存在。

4.将放射源放置在工作区域内或相关方指定的安

全位置并设立安全警示标识,必须做到现用现取,用完归仓上锁,严禁随意摆放在作业现场。

5. 每行驶 2h 应停车检查一次,对储源箱的监控报警系统、门锁和放射性物品固定情况进行检查确认。

6. 运源车按照规定路线行驶,不得进入人口稠密区和在公共场所停放,不得搭乘无关人员,途中临时停车时护源工应留守看管。

7. 作业队在外食宿,运源车辆停放时,工程车应紧靠运源车辆储源箱一侧停放。停放和出发时,使用监测仪对放射性物品进行核实,并对储源箱的监控报警系统、门锁和固定情况进行检查。

8. 正确佩戴个人剂量牌,每三个月进行监测。

六、驾驶员岗位

● **驾驶操作**

主要风险一:驾驶或乘坐车辆发生意外事故。

控制措施:

1. 出车前,班组成员应做好行车安全风险识别和风险控制措施。要突出人员疲劳,长途行驶,夜间行车,雨、雪、雾、沙尘等恶劣天气和山路行车等情况的风险识别和防范,驾驶员生病或疲劳时不能行车。

2. 做好出车前车辆安全例行检查,车辆带病不能出车。

3. 车辆启动前驾驶员监督乘车人员系好安全带。

4. 严格遵守队车行驶,严禁搭乘无关人员,严禁单人长途驾驶。

5. 连续行驶 2h 驾驶员应选好地点停车休息,检查车况,休息不少于 10min;每天驾驶累计不应超过 8h。

6. 途中遇到危险路段或疑似危险路段,应下车查看,必要时要有人指挥行进,不能带险强行通过。

7. 严格按照交通安全相关规定驾驶,杜绝违章行为。

8. 需要拖车时,应使用专用拖车绳或杠,由专人指挥。

9. 确保 GPS 系统完好,监控设备使用正常。

主要风险二:行驶途中或井场车辆意外着火导致火灾。

控制措施：

1. 定期检查更换刹车片，防止磨损发热起火。

2. 高危井、气井作业进入井场前，车辆、发电机安装阻火器。

3. 车载发电机运行良好，电压、频率正常。

4. 仪器车操作间（中仓）及工程车用电规范，不能私自改装电气线路。

5. 随车灭火器完好、有效，并定期（每月）检查。

主要风险三：行驶途中迷路或遇到劫匪、挡路等导致其他伤害。

控制措施：

1. 提前了解路况，严格按指定路线行驶，保持通信畅通。

2. 路途遇到挡路时，要正确处理，避免冲突。

3. 路途遇到劫匪，要冷静机智，安全第一。

第三章 事故报告

发生事故后,事故当事人或现场人员应立即逐级报告,紧急情况时可直接报警。发生伤亡、中毒事故应保护现场的同时,迅速组织人员施救;发生重大火灾、爆炸、民爆器材丢失或被盗等事故,应立即启动应急预案,防止事故状态的进一步蔓延和扩大。

1. 对于发生的事故,无论大小都必须如实向应急办公室报告,严禁隐瞒事故真相。

2. 事故应以最快的方式在第一时间内汇报。

3. 事故报告应包含以下内容:

(1)事故发生的时间、地点以及事故现场情况。

(2)事故的简要经过、伤亡人数、直接经济损失的初步估计。

(3)事故发生原因的初步判断。

(4)事故发生后采取的措施及事故控制情况。

(5)事故报告单位。

4.事故救援报警联系方式：

110　匪警　　　　119　火警

122　交通报警　　120　急救电话

第四章　突发事件处理程序及要求

一、应急现场处理要求

1. 利用各种手段第一时间报告值班领导或临近班组、人员，求得帮助，交通事故还应报当地交通管理部门，报告内容包括发生事故时间、地点、事故种类、人员、财产损失等情况。

2. 开展现场自救、互救及抢险，对受伤人员采取包扎、固定、止血等措施，需要时将受伤人员送往最近医院，同时采取措施避免次生事故发生。

3. 保护事故现场，接受事故调查。

二、突发事件应急处理

● 放射性物质丢失、被盗事件的应急处理

1. 发生放射性物质丢失、被盗事件，应立即利用一切通信手段向应急办公室报告，报告内容包括时间、

地点、核素名称、活度、编号、数量等情况。

2. 查阅放射源检查记录，找出放射源可能丢失或被盗的节点。

3. 安排人员留守原地看护现场。

4. 组成寻找小组，对放射性物质运输车辆行驶路线，装卸地点、使用场地，利用放射性探测仪等监测工具进行仔细搜索和调查。

● **放射源误照射应急处理**

1. 当发生放射性误照射以后，应立即汇报应急办公室，报告内容包括误照射时间、地点、核素名称、强度、活度及受照射人员等情况。

2. 妥当处理放射源，必要时隔离照射区域，避免他人再次误照射。

3. 带上放射源信息及被照射人员的放射性剂量卡，妥善安置被照射人员，听从上级应急指令。

● **放射性物质污染应急处理**

1. 当发生放射性物质污染后，应及时汇报应急办公室，报告内容包括放射性物质污染时间、地点、核素名称、强度、活度及周边环境等情况。

2.妥当处理放射性物质，采取措施防止污染范围的进一步扩大。

3.在放射性物质污染区域设置临时隔离带，并放置警示牌，防止无关人员进入受污染区受到意外照射，听从上级应急指令。

● **溢流、井涌应急处理**

1.井口值班人员发现溢流、井涌后，立即报告作业队长。

2.与甲方监督或现场负责人取得联系，共同勘察井下危险情况，并汇报应急办公室。

3.统一听从井队应急指挥，采取相应应急措施，人员做好应急撤离准备。

4.一旦井队应急指挥发出剪断电缆指令，立即使用电缆悬挂器卡好电缆后剪断电缆。

5.作业人员撤离井台，到上风方向的紧急集合点集合。

● **交通事故应急处理**

1. 发生道路交通事故后，现场人员立即通过一切通信手段向应急办公室报告，内容包括事故时间、地点、车辆损坏、人员伤亡及是否需要紧急施救等简要情况。同时，向当地公安交警部门报告，或拨打122电话报警。

2. 车辆应开启危险报警闪光灯，放置明显警告标志（离事故点后方150m以上），必须移动现场物件时应做好标记。

3. 及时抢救伤者，采取急救措施，拨打120救护电话，必要时寻求周围群众、过往车辆的帮助。

4. 如事故点有起火、爆炸等危险时，应迅速转移人员到安全地带。

5. 看护好放射源等危险品或转移到安全地带。

6. 采取必要措施，尽可能避免引发次生事件。

● **车辆意外起火应急处理**

1. 发现起火人员应立即告知驾驶员，驾驶员靠路边停车，车上所有人员下车。

2. 采用灭火器等消防器材尽可能灭火。

3. 如果火势不可控，全体人员远离着火车辆，立即拨打119报火警，告知其着火地点、燃烧物质、火势大小、有无危险物品、联系方式及路线等情况，并向应急办公室汇报着火情况。

4. 在着火车辆前后100m处放置警示牌，另一辆车应停在距起火车辆100m以外，叫停来往车辆，防止爆炸伤人。

5. 迅速转移危险品到安全地带。

● **有毒有害气体泄漏逃生应急处理**

1. 听到警报信号后，遵守现场监督或井队应急指挥统一安排，并向应急办公室汇报，说明发生地点、时间、人员健康状况、现场环境等情况。

2. 当硫化氢气体浓度达到$15mg/m^3$(10ppm)时，或一氧化碳气体浓度达到$31.25mg/m^3$(25ppm)时，随时监测气体浓度的变化，并将危险物品转移到安全区域，做好应急抢险准备。

3. 当硫化氢气体浓度达到$30mg/m^3$(20ppm)时，

或一氧化碳气体浓度达到 62.5mg/m³（50ppm）时，应急人员需戴好正压呼吸器，切断电源，其他作业人员立即按逃生路线跑到上风方向的紧急集合点集合，条件允许时，转移车辆等财产，不要在低洼处停留，清点人数。

4.当硫化氢气体浓度达到 150mg/m³(100ppm)时，或一氧化碳气体浓度达到 312.5mg/m³（250ppm）时，所有作业人员立即按逃生路线跑到上风方向的紧急集合点集合。

5.若发现人员中毒，应迅速将中毒患者移到上风向空气新鲜处，对呼吸心搏骤停者立即进行心肺复苏，并立即送往医院。

● **沙尘暴应急处理**

1.行车途中遇沙尘暴影响人员和设备安全时，立即开启防雾灯或危险报警闪光灯，可视危险程度，采取就近躲避，或者缓慢前行，或者停留（停留时选择安全位置，或者车尾部冲着来风方向），人员不能下车，确保人员和设备的绝对安全。

2.若施工过程中遇到沙尘暴天气，应立即停止施工，绞车放慢速度，或可停留在套管井段，人员不能下车。

3.立即汇报应急办公室，说明灾害发生情况以及人员、设备和应急物品储备情况。

4.当发生人员迷途，或设备抛锚，拨打报警电话110请求救援。

5.保持通信畅通，尽量节约手机电量，随时向应急办公室汇报灾害发展事态。

6.沙尘暴结束后，应确认人员安全，设备完好后再恢复施工。

● 山洪应急处理

1.若行车途中遇到洪水时，不能贸然前行通过，应选择高地停车，等洪水减退、勘查路况后再通过。

2.若测井施工现场，发现山洪险情，发现者立即发出险情警报，停止施工。

3.所有人员听到警报后立即撤离到安全地点，行动上听从井队统一指挥。

4.清点人数,安排抢险工作,并向应急办公室汇报灾情。

5.若有人员失踪,应立即组织人员在确保安全的前提下进行搜救。

● **火灾事故应急处理**

1.发现火情时,最早发出火情人员应高声呼叫,并立采取措施进行灭火。

2.现场负责人接到报警信息后,应立即切断燃火区电源,并组织人员抢险。

3.如果火势不可控,应迅速撤离所有人员,立即拨打119报火警,告知内容包括着火地点、燃烧物质、火势大小、有无危险物品、联系方式及路线等情况,并向应急办公室汇报着火情况。

4.迅速转移危险品到安全地带。

5.火灾现场如有人员受伤,应对受伤人员进行现场急救,并送往医院救治。

● **触电事故应急处理**

1.发现人员触电,应大声呼叫,同时立即切断电源，用绝缘物将伤者与电线分开。

2.在确定伤员不带电的情况下，立即进行救护，若有电击烧伤伤口时，应包扎伤口，并及时向应急办公室报告，内容包括时间、地点、人员受伤情况等。

3.立即隔离现场，做好对事故现场的警戒、巡视、保护工作，阻止无关人员进入危险区域。

4.若触电人员发生抽搐、休克、呼吸停止等症状，应立即对其进行人工呼吸和心肺复苏，并送往就近医院进行救治。

● **人员伤害应急处理**

1.当发生高处坠落、物体打击、机械伤害等人身伤害事件时，立即向应急办公室报告，内容包括时间、地点、人员受伤情况等。

2.若发生机械伤害，应停止设备运转，将受伤人员撤离到安全地带。

3.情况不明时，不得随意搬动受伤人员，如有外伤出血，立即止血。

4.在救护中应注意固定伤者颈部、胸腰部脊椎，搬运时保持动作平稳。

5. 根据伤势情况采取现场急救，伤势严重者送往就近医院进行救治。

● **食物中毒应急处理**

1. 有人中毒，发现者立即拨打120急救电话，报告中毒人数、症状、进食情况等，并汇报应急办公室。

2. 在自己的能力范围内对中毒人员实施催吐措施急救。

3. 根据中毒程度和范围，请求当地医疗机构援助。

4. 若有条件，尽可能对已吃食物进行留样，并提醒未中毒人员在中毒未查清前暂时不要乱吃食物，防止再次中毒。

● **人员中暑应急处理**

1. 发现人员中暑，立即呼叫其他人员协助。

2. 迅速将患者移至阴凉通风的地方，解开衣服，脱掉鞋子，让其平卧，头部不要垫高。

3. 用凉水或酒精擦其全身降温，直到皮肤发红，血管扩张以促进散热，也可在患者头部、两腋和腹肌沟等处放置凉袋，当体温降至38℃左右时，应立即停止降温，以免发生虚脱。

4.用清凉油或风油精涂抹前额、太阳穴、印堂、人中、足心、百会等穴位。

5.对能饮水者，应灌喂藿香正气水，喝足够凉开水。

6.视其具体情况，送患者到医院救治。

● **人员伤害现场急救处理**

1.创伤现场急救。

（1）按照通气、止血、包扎、固定、搬运五步骤实施急救。

（2）创伤现场急救的基本原则是：先抢后救、先重后缓、先近后远，先通气、后止血包扎，再固定搬运。

（3）使用止血带注意：止血带应结扎在伤口近心端，应接近伤口，要加衬垫，绑扎松紧要适宜，连续阻断血流时间不得超过1h，如必须继续阻断血流，应每隔45min（寒冷季节30min）放松2～3min，放松时慢慢用指压法代替。

(4)包扎要做到:轻、准、牢,松紧适度,打结位置避开伤口,骨折制动的包扎要露出末端。

(5)骨折的固定:骨关节损伤时均必须固定制动,固定前应尽可能牵引伤肢和矫正畸形,然后将伤肢放到适当位置,固定于夹板或其他支架(可就地取材如用木板、竹竿、树枝等)。

(6)搬运:不同的病情选用不同的担架和搬运方法,如上肢骨折伤员可用搀扶法,下肢骨折伤员可用普通担架搬运,而脊柱骨折时则要用硬担架或木板,并要填塞固定,颈椎和高位胸脊椎骨折时,除要填塞固定外,还要牵引头部避免晃动。

2.人工呼吸。

(1)人工通气过程中均应先保证气道开放,如果无法使伤者把口张开,可改用口对鼻人工呼吸法。

(2)迅速将伤员身上妨碍呼吸的衣领、上衣、裤带等解开。

(3)使伤者仰卧,以一只手按住病人前额,另一只手的食指、中指将其下颌托起,使其头部后仰;按前额手的拇指、食指捏紧病人鼻孔,吸足一口气后,用口唇严密地包住病人的口唇,以中等力量将气吹入病人口内,不要漏气;当看到病人的胸廓扩张时停止吹气,离开病人的口唇,松开捏紧病人鼻翼的拇指和食指,同时侧转头吸入新鲜空气,再实施二次吹气,每次吹气时间为 2s。

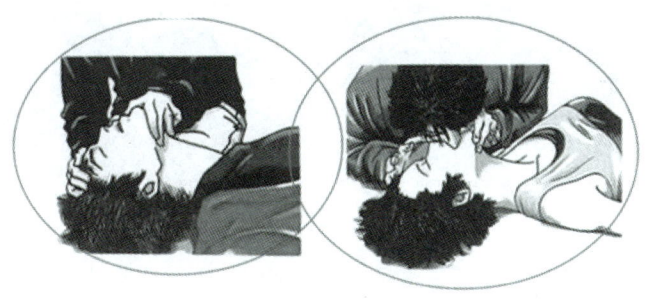

3.胸外心脏按压。

(1)使病人仰面平卧,最好使病人躺在硬地或硬板床上,头部与心脏在同一水平,以保证脑血流量。

(2)按压部位:胸骨下半部,两乳头连线与胸骨交叉处。

(3)按压方法:施救者跪在患者身旁,一只手掌根部放在按压处,另一只手叠在其上,手指交叉抬起。

身体稍前倾,手臂伸直,使肩、肘、腕在一条直线上,以髋关节为轴用力,垂直按压患者胸骨。手掌下压深度为4～5cm,然后迅速解除重压,但手掌根部不要离开胸壁,使其胸骨自然回到正常静止位置,如此反复进行,每分钟100次左右。

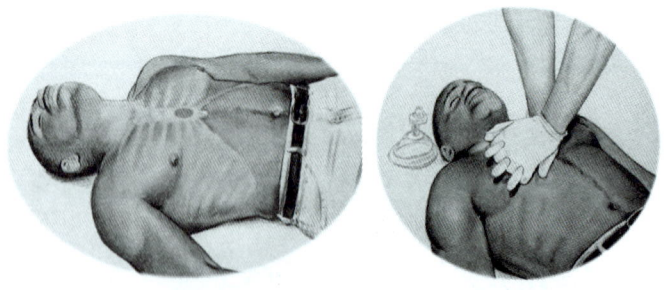

4.人工呼吸与胸外按压配合。

无论单人操作还是双人合作,人工呼吸与胸外按压之比均为2:30。即:人工呼吸与胸外按压配合实施时,人工呼吸每连续吹气2次,则进行胸外按压30次。

第五章 应急设备

在测井作业中,可能会用到灭火器、有毒有害气体检测仪、辐射监测仪、正压式空气呼吸器等应急设备,针对不同应急设备,岗位员工应掌握其性能参数,能够熟练操作使用,并定期进行检定和维护保养,以确保应急设备处于正常工作状态。

一、干粉灭火器使用方法及注意事项

● **使用方法**

1. 一只手握住压把,另一只手托住灭火器底部,轻轻取下灭火器。

2. 拔掉保险销。

3. 室外灭火站在上风口适当位置,室内站在便于逃生的位置。

4. 将喷嘴对准火焰根部,用力压下压把,进行灭火。

● **注意事项**

1. 要选用与着火物质相适应的干粉灭火器。

2. 喷射前将灭火器上下颠倒几次，使筒内干粉松动，但喷射时不能倒置。

3. 按动压把或拉动提环前一定要去掉保险装置。

4. 使用带喷射软管的灭火器（4kg以上）时，喷射前一定要一只手握住喷管的喷嘴或喷枪后，另一只手再打开释放阀。

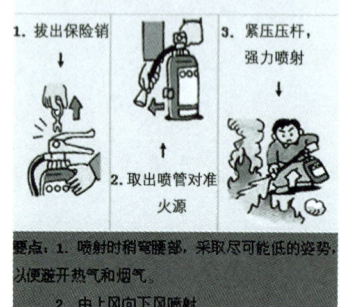

5. 灭火时要站在上风，开始时离火 1 ～ 2m。

6. 灭液体火灾（B 类火）时，不能直接向液面喷射，要由近向远，在液面上 10cm 左右快速摆动，覆盖燃烧面，切割火焰。

7. 灭 A 类火灾时可先由上向下压制火焰，对燃烧物上下左右前后都要喷匀灭火剂，以防止复燃。

8. 干粉灭火器存放不能靠近热源或日晒，注意防潮。

9. 不要扑救电压超过 5000V 的带电物体火灾。

10. 定期检查压力是否正常：指针范围绿色表示正常，红色表示压力不足，黄色表示压力过大。

二、二氧化碳灭火器使用方法及注意事项

● **使用方法**

1. 用右手握住压把。

2. 拔掉保险销。

3. 站在便于逃生的位置。

4. 一只手握住喇叭筒根部（切忌用手接触金属管，防止冻伤），另一只手用力压下压把进行灭火。

● **注意事项**

1. 使二氧化碳尽可能多地喷射到燃烧区域，使之达到灭火浓度从而使火焰熄灭。

2. 在喷射过程中，灭火器应始终保持直立状态，不要平放或颠倒使用。

3.喷射时不要用手直接接触喷筒口或金属管,以防冻伤手。

4.在狭窄密闭的空间使用后,使用者要迅速撤离,以免二氧化碳窒息,发生意外。

5.扑救室内火灾后,应先打开门窗,然后再进入,以防窒息。

6.定期检查二氧化碳的质量,如质量减少1/10,应及时补充。

7.避免在日光下暴晒,存放温度不要超过 42℃。

三、有毒有害气体检测仪使用方法

1.检测电池电压,判断电压能否满足使用要求,若不能满足要求,按说明书要求安装或更换电池,安装或更换电池时,需在非易燃易爆场所进行。

2.零位调整必须在洁净的空气中进行。

3.靠近所要检测地点进行测量。

4.检测时,待检测仪显示稳定后,读检测值。

5.检测结束后,离开所要检测地点,关闭电源。

四、正压式空气呼吸器使用方法

适用于无火环境和污染环境的紧急逃生,或清理化学有毒物质泄漏和事故。

1. 气瓶连接。调节气瓶固定带,使气瓶牢固连接在背架上。高压减压阀与气瓶的连接应牢固无泄漏。

2. 泄漏实验。按下压供式减压阀的红色按钮,打开气瓶高压减压阀手轮至少2圈。阅读压力表:300 bar(30MPa)气瓶压力示值应不小于270bar。关闭气瓶高压减压阀,呼吸系统压力下降值1min内应不大于10bar为正常。

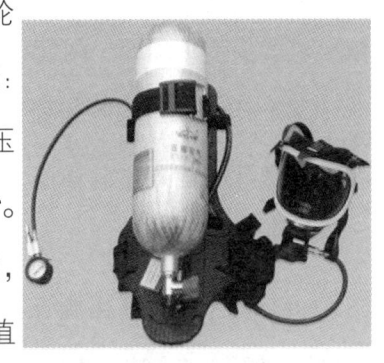

3. 报警器检查。打开气瓶高压减压阀,待系统充满压力后,关闭气瓶高压减压阀,按下压供式减压阀的红色按钮,观察压力表,在压力为55bar左右时,报警器开始报警。

4. 空气呼吸器的佩戴与使用。

（1）放长肩带，把呼吸器背在背部，高压减压阀应向下，收紧肩带，直至背架与背部完全吻合舒适为止。

（2）扣上腰带插口，腰带插口凸面朝身体一面，拉紧腰带。

（3）将呼吸面罩挂在颈部，双手拉开头带，把呼吸面罩套在下颌上，再把头带拉向脑后，扶平头带，依次收紧头带（颈部、两侧、前额）。

（4）用手掌封住呼吸面罩供气口并深呼吸，使用者应感觉呼吸面罩贴向面部，两颊应略微向内陷，表示气密性良好。

（5）将压供式减压阀连接到呼吸面罩上（对准、旋转），听到"咔嚓"声，同时快速接口的两侧卡口同时复位，则表示已正确连接，猛吸一口气，供气阀被打开，此时即可正常呼吸。

（6）操作中随时观察压力表，当发现压力降至55bar左右或报警哨声响起时，操作人员应立即返回到安全区域更换备用气瓶。

五、辐射监测仪使用方法及注意事项

● **使用方法**

1. 检查仪器外壳无松动，外观无破损，安装电池。

2. 按下电源开关，根据测量需要设定测量单位、测量时间及剂量率报警阈值。

（1）选择测量单位：测量剂量率时三种单位分别为 μSv/h、μGy/h、μR/h；测量累积剂量的单位为 μSv；计量率测量单位为 CPS。

（2）测量时间修改：可在 1s、5s、10s、20s、30s 中任意选择。

（3）报警阈值修改：可在 0.25μSv/h、2.5μSv/h、10.0μSv/h、20.0μSv/h、60.0μSv/h 中选择。

3. 剂量率测量：将探测器对准被测对象，按"START"启动键，仪器开始测量，如测量结果超过设定的报警阈值时，仪器将发出警报，同时报警指示闪烁。

4. 累积剂量测量：选择单位为 nSv，按启动键

"START",仪器进入累积剂量测量状态。

5.计数率测量:选择单位为 CPS,仪器测量时将显示探测器计数率。

● **注意事项**

1.探测器为易碎制品,使用时应注意轻拿轻放。

2.长时间不使用仪器,应取出电池,将仪器放入包装箱置于干燥的地方。

3.注意保持仪器外表面清洁。

4.当测量场所的剂量大于仪器本身的测量范围上限时,仪器将关闭探测器电源。

附录一 相关安全资料

一、放射性源安装规范

1. 正确穿戴防护服、手套、眼镜等劳动防护用品,佩带放射性剂量牌。

2. 检查仪器源仓、装源工具,确认完好。

3. 开锁并除去捆绑在放射源罐上的链条,将放射性源罐从放置点搬运到钻台前面的滑道上。

4. 使用标准索具将放射性源罐起吊到井台,放到安全、方便操作的位置。

5. 井口人员将电缆连接器(马龙头)与仪器串连接,通知操作岗通电检查仪器,确认仪器工作正常后断电,预置深度。

6. 装源人员指挥绞车工将放射性仪器停留在合适的装源高度。如果源是水平装入,推荐高度与操作者胸部平齐;如果源是斜上方装入,推荐源仓高度与大腿位置平齐;如果源仓高度斜下方装入,推荐源仓高度与头部平齐。若仪器串中要装 2 枚源,则按照"先下后上"的顺序装源。

7. 安装好防源落井保护盘(布)。

8. 小队长检查井口封闭状况。

9. 确认无关人员已经撤离到安全区域。

10. 用装源工具从源罐中取出密封源,在转移密封源的过程中,身体与放射源之间尽量保持最大距离,严禁身体直接接触测井密封源。

11. 按照正确的操作步骤将源固定到仪器上,确认放射源及源仓安全可靠,拆除防源落井保护盘。

12. 指挥绞车工将仪器串下入井中。

13. 装源人员用辐射探测仪对源罐和井口周围进行辐射检查,确认是否存在放射性泄漏,对源罐内腔进行清洁保养。

14. 对井口进行清理,将装源工具和放射源防落卡盘放置到钻台安全位置并摆放整齐。

二、放射性源拆卸规范

1. 确认无关人员已经撤离到安全区域。

2. 准备清洗源的材料。

3. 正确穿戴防护服、手套、眼镜等劳动防护用品，佩戴放射性剂量牌。

4. 清洗钻台面，清洁电缆，监控井筒内仪器上提情况。

5. 指挥绞车慢速上起并清洁仪器，将放射性仪器停留在合适的卸源高度，安装好防源落井保护盘（布），如果源是水平取出，推荐高度与操作者胸部平齐；如果源是斜上方取出，推荐源仓高度与大腿位置平齐；如果源仓高度斜下方取出，推荐源仓高度与头部平齐。若仪器串中要卸2枚源，则按照"先上后下"的顺序卸源。

6. 用装源工具从仪器源仓中取出密封源。

7. 按照正确的操作步骤清洗放射性源并将源放回到源罐中，拆除防源落井保护盘（布）卸源后应对仪器源仓进行清洗。

8. 确认放射性源已经被装入源罐并锁好源罐。

9. 将源罐吊下钻台存放到放置点并用链条固定。

10. 卸源人员用辐射探测仪对源罐和井口周围进行辐射检查，确认是否存在放射性泄漏。

三、测井用放射性物质分类表

核素名称	分类	活度，Bq（≥）	强度，Ci（≥）	核素名称	分类	活度，Bq（≥）	强度，Ci（≥）
镅-241/铍镅-241	Ⅰ	6×10^{13}	1622	钍-228钍-232	Ⅰ	7×10^{13}	1892
	Ⅱ	6×10^{11}	16.22		Ⅱ	7×10^{11}	18.92
	Ⅲ	6×10^{10}	1.622		Ⅲ	7×10^{10}	1.892
	Ⅳ	6×10^{8}	0.1622		Ⅳ	7×10^{8}	0.01892
	Ⅴ	1×10^{4}	0.00000027		Ⅴ	1×10^{4}	0.00000027
铯-137	Ⅰ	1×10^{14}	2703	碘-131	Ⅰ	2×10^{14}	5400
	Ⅱ	1×10^{12}	27.03		Ⅱ	2×10^{12}	54
	Ⅲ	1×10^{11}	2.703		Ⅲ	2×10^{11}	5.4
	Ⅳ	1×10^{9}	0.02703		Ⅳ	2×10^{9}	0.054
	Ⅴ	1×10^{4}	0.00000027		Ⅴ	1×10^{6}	0.000027
镭-226	Ⅰ	4×10^{13}	1081	钡-131	Ⅰ	2×10^{14}	5400
	Ⅱ	4×10^{11}	10.81		Ⅱ	2×10^{12}	54
	Ⅲ	4×10^{10}	1.081		Ⅲ	2×10^{11}	5.4
	Ⅳ	4×10^{8}	0.1081		Ⅳ	2×10^{9}	0.054
	Ⅴ	1×10^{4}	0.00000027		Ⅴ	1×10^{6}	0.000027
钴-57钴-60	Ⅰ	7×10^{14}	18920	锡-113铟-113	Ⅰ	2×10^{14}	5400
	Ⅱ	7×10^{12}	189.2		Ⅱ	2×10^{12}	54
	Ⅲ	7×10^{11}	18.92		Ⅲ	2×10^{11}	5.4
	Ⅳ	7×10^{9}	0.1892		Ⅳ	2×10^{9}	0.054
	Ⅴ	1×10^{6}	0.000027		Ⅴ	1×10^{6}	0.000027
非密封放射源	作业场所非密封放射源日等效最大操作量大于4×10^{9}Bq参照Ⅰ类放射源管理，大于2×10^{7}Bq小于4×10^{9}Bq非密封源参照Ⅱ类放射源管理，豁免值活度以上至2×10^{7}Bq的非密封源参照Ⅲ类放射源管理						
射线装置（中子管）	中子发生器是一种小型加速器中子源，它是脉冲中子测井仪器的一个关键部件；是一种带放射源的射线装置,中子发生器本身含有放射性核素氚；是一种可控强中子源，中子管是其中的具有一定使用寿命且不可修复的消耗性核心部件						

附录二　常见习惯性违章行为

本篇介绍常见习惯性违章行为，以提高大家安全意识，坚决遏制违章陋习，培养良好的安全习惯。

一、放射性作业违章行为

1. 装卸放射源未正确使用防护用品。

危害：操作人员受剂量照射增大。

要求：规范穿戴铅衣、铅眼镜、铅手套等防护用品，并佩戴个人剂量牌。

2. 装卸放射源时未执行协助监督制度，单人进行操作。

危害：发生人员身体误照射、放射源掉落等事故。

要求：装卸放射源时严格执行一人协助，作业队长监督制度，监督、提醒不安全行为，规范安装。

3. 运输途中检查放射源装运情况走过场。

危害：发生放射源丢失、失控等事故。

要求：要求每 2h 停车，对放射源的装运情况进行仔细检查，并做好记录。

4.卸源后不仔细检查、未认真进行监测。

危害：发生人员误照射、放射源丢失等事故。

要求：卸源后清洗擦拭后，仔细检查源是否完整卸下，装入源罐后再次监测确认源的存在。

5.装卸源工具和护具未妥善保管。

危害：装卸源工具和护具随意乱放，造成工具和护具损坏，影响使用和防护。

要求：装卸源工具和护具应放在专用工具箱内妥善保管。

6.未正确使用专用工具装卸放射源或徒手装卸。

危害：操作人员受剂量照射增大。

要求：禁止徒手安装，应使用专用工具装卸放射源。

7.装卸源时未安装好防源落井保护盘（布）。

危害：易造成放射源落井事故发生。

要求：装卸放射源时，必须安装好防源落井保护盘（布），防止意外。

8.含放射性废物或污水随意排放。

危害：造成环境污染，影响人员健康。

要求：同位素测井回收井口溢流水统一排放到蒸发池进行衰减和蒸发，放射性废物带回由专人统一处置，杜绝污染。

二、交通运输违章行为

1.开车、乘车时不系安全带。

危害：增大了人员意外伤害的可能性和伤害程度。

要求：汽车行驶前，驾驶员和乘车人员相互提醒系好安全带。

2.酒后驾驶、疲劳驾驶、超速行驶。

危害：易导致交通事故发生，造成人员伤害、财产损失。

要求：出车前，要做好驾驶人员状态评估，严禁酒后驾车，疲劳行驶，行驶中要严格按照规定车速行驶。

3.驾驶员行车时闲谈、抽烟,接、打手机。

危害:容易分散驾驶员注意力,易导致交通事故发生。

要求:驾驶过程中,严禁驾驶人员抽烟,接、打手机,乘员不与驾驶员闲谈,不做妨碍驾驶的行为。

4.车辆转弯时或过交叉路口不减速。

危害:易导致交通事故发生。

要求:车辆行至转弯或交叉路口时,应减慢车速,谨慎通过。

5.回场后、出车前、途中不仔细检查车辆。

危害:可能使车辆带病行驶,存在安全隐患,易导致交通事故发生。

要求:严格落实车辆"三检"制度,确保车辆安全性能可靠。

6.擅自拉运与生产无关的人员或货物。

危害:出现意外情况时,可能导致更多人员伤害和损失。

要求:测井车辆严禁拉运与生产无关的人员或

货物。

7. 行车途中作业人员在仪器车中仓或工程车临时床上休息。

危害：易发生人身伤害。

要求：除驾驶室额定的载人数以外，其他位置不得载人。

8. 在车下、车前、车后或倚靠车辆乘凉、休息。

危害：在驾驶员不知情时，可能造成人员伤害。

要求：驾驶员行驶前，应检查车辆周围情况，确认安全后再行车。

9. 路况不明不下车查看。

危害：路况不明时贸然行进，可能导致交通事故发生，造成人员伤害。

要求：在路况不明时应停车勘查，必要时要有人指挥通过。

10. 车辆未保持队车行驶。

危害：在一辆车出现意外情况时，不能得到及时救援，导致事态扩大。

要求：作业队车辆必须保持队车行驶，前后照应。

三、现场作业违章行为

1. 作业时，不按规定穿戴劳保护品。

危害：易发生人身伤害。

要求：穿戴好劳保护品，戴好安全帽。

2. 仪器车接地不良。

危害：易发生触电事故。

要求：保证仪器车和仪器车发电机接地良好，必要时要打眼或浇水，确保接地的耦合性。

3. 在井场内抽烟，或使用大功率电器。

危害：易发生火灾。

要求：井场内禁止明暗烟火，禁止使用大功率电器。

4. 高空作业时未系好安全带。

危害：作业人员发生高处坠落事故。

要求：高空作业时，必须系好安全带，并拴系在固定的部件上。

5. 停好车后，不打掩木或打掩不到位。

危害：易发生溜车，造成设备损坏或人员伤害。

要求：停好车后，按规定打好掩木，防止出现溜车。

6. 工作前未做好风险识别和防范工作。

危害：可能存在安全隐患，导致事故发生。

要求：按照属地管理要求，各岗位应做好风险识别和防范工作。

7. 施工前未与相关方相互进行安全工作交底。

危害：可能存在施工配合、协调问题，易导致事故发生。

要求：与相关方做好施工交底，并相互告知风险。

8. 随意放置和丢弃工具，忽视工具维护保养。

危害：可能使工具损坏或性能降低，操作时易导致人员伤害。

要求：工具用完后应放入专用工具箱，日常做好维护保养。

9. 触摸或跨越运行中电缆、滚筒、滑轮等设备。

危害：易导致人员受伤害。

要求：严禁触摸、跨越运行中电缆、滚筒、滑轮等设备。

10.不按规定速度起下电缆。

危害：易导致电缆打结、仪器遇卡等事件。

要求：应严格按规程进行绞车操作，杜绝超速起、下电缆。

11.脱岗、串岗、睡岗或酒后上岗。

危害：不能有效地发现和处理生产中的问题，干扰正常生产秩序，易导致事故的发生。

要求：应落实属地职责，坚守工作岗位，发现岗位上出现的问题，及时予以解决、消除，自己解决不了的应立即向上级汇报。

12．未按岗位巡回检查表内容认真进行检查，留有事故隐患。

危害：不能及时发现岗位存在的异常和隐患，导致事故的发生。

要求：认真按照岗位巡回检查表的内容进行检

查，发现隐患，及时消除，自己解决不了的应立即向上级汇报。

13.不按规定及时清理作业现场，清除废料、垃圾。

危害：易造成环境污染，或者给操作带来隐患，导致事故的发生。

要求：作业过程中应及时清理井口污水，作业完成后，及时清理作业现场，生产废料、垃圾统一回收处理。

四、生产准备违章行为

1.检维修作业时，未上锁挂签，未设立安全标识牌，没有指定监护人。

危害：人员误操作，设备运转，发生人员伤亡事故。

要求：检维修作业时，必须执行上锁挂签，设立安全标识牌，有指定监护人。

2.非专业人员从事电气、电路安装和拆卸作业。

危害：不懂得电气设备原理，发生人员触电、火灾事故。

要求：必须由有电工操作证人员从事电气、电路安装和拆卸作业。

3. 用水冲洗电气设备。

危害：易造成设备损坏、人员触电事故。

要求：严禁用水冲洗电气设备。

4. 在从事敲击、使用旋转机械加工仪器部件等产生飞溅伤害的作业时没有佩戴护目镜。

危害：发生眼睛伤害事故。

要求：在从事敲击、使用旋转机械加工等产生飞溅伤害的作业时，必须正确佩戴护目镜。

5. 发现设备或安全防护装置缺损的情况下仍继续操作。

危害：安全防护装置等缺损导致事故的发生，造成人员伤害或设备损坏。

要求：发现设备或安全防护装置缺损，应及时处理，必要时反映汇报，未得到维护处理前不进行作业。

6.堵塞消防逃生通道。

危害：一旦发生紧急情况，阻碍人员逃生。

要求：禁止在消防逃生通道停放车辆、堆放物品等，应保持通道畅通。

7.把与工作无关的个人物品等带到工作场所。

危害：违反劳动纪律，不能专心工作，未能及时发现事故隐患。

要求：上岗期间不允许把个人与工作无关物品带入工作场所。

附录三 典型事故案例

通过典型事故案例分析和介绍,了解事故发生的条件、过程和现实后果,认识事故发生规律,总结经验,吸取教训。

案例一 电缆卡固定电缆失效盲目抢抓勒折小腿

● **事故经过**

2007年6月12日10时,某作业队开始XX井水平测井作业。在对接测试过程中,测井绞车系统上提功能失灵。为防止钻具黏卡,由井队上下活动钻具,使旁通内电缆钢丝受损出现堆积。当测井绞车修复正常并采集完两趟曲线后,上提电缆距井下还有1700m电缆时,发现电缆无法出旁通,决定用电缆卡固定电缆,从旁通内拉出损伤电缆剁掉后两头对接铠装。有3名测井人员在钻台上工作,井队担心钻具黏卡又上下活动钻具时,测井人员站在一边等待。此时,松散在钻台面上的电缆沿着电缆卡滑向井筒，站在旁边的程某下意识的抢抓电缆，经刘某喊叫程某松手后，电缆已将程某左小腿套住缠在井口，致使其左小腿腓骨骨折，肌腱损伤。

● **事故原因分析**

1.绞车出现机械故障，井队频繁活动钻具时，作业队未预先对可能造成电缆外层钢丝挤压、磨损的情况进行防范。

2.程某风险规避意识不强，站立在松散的电缆堆里，电缆突然滑落，是其受伤害的直接原因。

3.电缆卡本身工艺及安装缺陷造成电缆没有卡紧是间接原因。

● **控制措施**

1.选用匹配的电缆卡，或加强电缆卡的维护保养，保证安全可靠。

2.岗位人员要熟悉电缆卡的使用，按规程操作。

3.岗位人员在操作时，要注意脚下站立位置，防止意外伤害。

案例二 安全带当摆设 突发情况胳膊伤

● **事故经过**

2004年5月26日,某单位李某驾驶一辆猎豹车上现场取测井资料。晚上7点收完资料返回途中,与迎面一辆大货车会车时,因对方没有变光,李某视线受干扰未看清路面,使车辆冲撞到堆放在路边的石头上,车上乘员刘某当时没有系安全带,由于惯性冲击,导致其右上肢肱骨骨折。

● **事故原因分析**

1. 夜间会车,路面不明时,驾驶员没有采取减速或停车的安全应对措施。

2. 乘车人刘某没有系安全带,导致受伤是直接原因。

3. 对方未关闭大灯,造成驾驶员视线不清,是造成事故的间接原因。

● **控制措施**

1. 夜间会车，路面情况不明时，驾驶员应采取减速或停车的安全应对措施。

2. 乘车人员上车必须系好安全带。

案例三 冰雪路面转弯不减速车翻路旁六人伤

● **事故经过**

2007年11月28日，某作业队在返回基地的途中，驾驶员王某驾驶一辆工程车行至207国道158km处时，忽视了道路上有薄冰，超速行驶且遇弯道操作不当，致使车辆翻下西侧路肩，造成车上6人不同程度受伤、车辆严重变形的交通事故。

● **事故原因分析**

1. 道路有薄冰，车辆容易打滑，而且是弯道行驶，没有减速。

2. 防御驾驶意识差，操作不当。

- **控制措施**

1. 冰雪路面要减速慢行,转弯时不能急踩刹车。

2. 加强防御性驾驶培训,提升操作能力。

案例四 车辆检查走过场 刹车片发热引火上车

- **事故经过**

2006年10月8日,某队在执行XX井测井任务,完成任务返回基地途中,仪器车行驶离基地12km处,经别人提醒发现车辆左后轮中桥内轮胎冒烟,接着起火,经消防队协助才将火扑灭。造成四个轮胎、部分管线和线路等烧坏,损失超过6万元的火灾事故。

- **事故原因分析**

1. 定期保养不到位,刹车片老化,磨损严重。

2. 驾驶员操作不当,长时间踩刹车,造成发热起火。

3. 行车途中未执行队车行驶和每两小时停车检查要求,轮胎起烟时未及时发现,延误灭火时机。

- **控制措施**

1. 严格执行车辆"三检"制度及定期保养制度。

2. 加强防御驾驶培训,提高安全驾驶技能。

3. 严格执行队车行驶要求。

案例五 脚下油污不在意 意外打滑断拇指

- **事故经过**

2006年11月23日,某作业队在标准井标定电缆作业中,标定至2670m点磁记号后,作业队长刘某在井口清理从电缆上刮下的原油,井口工王某在做完一个注磁记号后的间隙,到井口查看。转身返回时,由于脚下有少量原油和水,意外打滑,手不经意碰到电缆和滑轮的切口处,致使其左手大拇指卷入地滑轮被夹断第一骨节。

- **事故原因分析**

1. 井口处的原油和水没能及时清理干净,造成脚下打滑摔倒,碰到运动中的滑轮和电缆,造成伤害,是直接原因。

2. 王某风险识别意识差是间接原因。

● **控制措施**

1. 改进滑轮，加装防护罩，降低危害。

2. 提高安全意识，工作前要注意作业环境中可能存在的风险因素，并及时做好防范措施。

案例六　路途检查走过场　校验源不翼而飞

● **事故经过**

2005年8月23日凌晨，某作业队去执行XX井测井任务，大约两小时后行至距基地98km处，后边工程车发现仪器车的源仓门开了，打喇叭提示，随后停车检查，李某查看放射源装运情况后，将源仓门关好并用钢丝锁紧后继续行车，途中又检查了源仓门锁两次，未检查源。下午18点在井场刻度仪器用校验源时，发现校验源已丢失，后于8月29日找到。

● **事故原因分析**

1. 放射源全程负责人违反多项操作规程,未按规定流程检查。

2. 仪器车的源仓结构和源罐固定措施有缺陷,未上锁具。

● **控制措施**

1. 对源仓结构和源罐固定措施进行改装,配好锁具,加强仓门开启报警措施。

2. 教育岗位人员严格执行相关操作规程,落实相关措施。

案例七 习以为常井口房 不慎跌落腰椎伤

● **事故经过**

2000年4月8日,某作业队执行XX井的投捞作业。在设备安装过程中,操作工李某上井口房传递投捞工具,蹲在井口房边缘,等待转接由刘某即将送到井口的地滑轮,此时,李某感到头晕眼花,无法稳住自己的身体，导致自己从井口房摔下，造成腰椎压缩性骨折，肋骨骨折。

● **事故原因分析**

1. 对投捞作业施工现场风险识别不够，井口房高度在 2m 以上，属于高空作业，在房顶上面没有安全护栏和固定安全带的设施时，采取防范措施不到位。

2. 由于人员作业时，突然头晕，造成坠落，是造成事故的直接原因。

● **控制措施**

1. 登高作业要严格做好作业许可和防护措施。

2. 合理分配岗位人员，不安排身体状况不好的人员上高空作业。

案例八 卸源违规操作 中子源掉落井中

● **事故经过**

2003 年 5 月 22 日，某作业队承担 XX 探井测井任务，次日完成第四趟放射性测井作业后，由井口工王某卸源，由于该队没带装源卡盘，王某先用仪器座筒和仪器卡盘将仪器固定，再用编织袋将座筒的开口塞了塞，将放射源卸出后，装卸源工具和源体随即脱开掉落，造成中子源落入井中，后打捞成功。

● **事故原因分析**

1. 井口工王某严重违规操作，一是卸源前没有盖好井口，二是卸源过程中装源工具与源连接不牢靠。

2. 作业队长未对卸源过程和作业环节进行检查确认。

3. 作业队生产准备不到位，工具不齐全。

● **控制措施**

1. 生产准备中要检查相关工具齐全可靠。

2. 装、卸源时，必须安装好防源落井保护盘（布），防止意外落井。

3. 岗位人员要严格执行各项措施，作业队长严格巡回检查，确保安全。

4. 加强培训教育，提高人员安全意识。

案例九 运行电缆上装刮泥器滑轮"吃掉"两手指

● **事故经过**

2000年2月22日早上,某作业队在XX井进行裸眼测井作业(井深5950m),测第五趟下至5870m时遇阻,决定起出仪器。由马某操作绞车上提电缆,操作员王某通知井口工陈某上钻台装电缆刮泥器,接到通知后陈某上钻台装刮泥器。绞车工马某观察电缆张力时,发现站在地滑轮旁边的陈某样子疼痛异常,立即停车并下放电缆,发现陈某右手小拇指和无名指已被地滑轮夹断。

● **事故原因分析**

1. 绞车操作与井口操作未做好沟通,在安装刮泥器时,没有停止电缆。

2. 井口工陈某安全意识差,违规操作,用手去抓扶运行中的电缆。

● **控制措施**

1. 加强人员安全教育培训,提高防范意识。

2. 严禁在电缆运行时,拆卸刮泥器。

案例十　固井质量测井电缆打结事故

● **事故经过**

2010年5月10日,某作业队在XX井进行套管固井质量测井作业,仪器连接完成,供电检查仪器正常,仪器下放至井底约300m处遇阻,开始上提电缆,发现电缆上提约100m后,仪器才开始向上移动。仪器起出井口发现扶正器一支臂从摩擦片下端断开,但上下两端臂均在扶正器上,电缆在距马龙头约380m处打结受伤。

● **事故原因分析**

1. 绞车工、操作工程师注意力不集中,未及时发现仪器遇阻。

2. 绞车操作时注意力不集中,未及时发现仪器遇阻，导致电缆下放过多，操作工程师未协助绞车工判断仪器是否遇阻。

3．风险辨识不到位，主观认为固井质量测井简单没有风险，未能识别出电缆下放过多可能打结的风险，仪器遇阻后未能识别出电缆堆积的风险。

4．发现仪器遇阻后，处理措施不当，增加了电缆打结的几率。

● **控制措施**

1．加强员工责任心教育，确保施工过程持续可控。

2．加强风险识别及风险削减措施落实，严格执行绞车操作规程。

案例十一　电缆断裂仪器落井事故

● **事故经过**

2011年4月21日，某作业队在XX井进行裸眼测井作业，仪器通过套管鞋后，绞车工加速上提电缆，发现电缆忽然抖动一下，立即停止，同时发现仪器通信断开、缆头张力消失、仪器供电面板电流消失，判断仪器落井。后下入打捞锚，一次将电缆和仪器打捞成功。

● **事故原因分析**

1. 电缆使用时间较长，没有及时保养，未剁掉受损的和低强度的电缆。

2. 未严格执行操作规程，仪器未完全进入套管就加速上提，且未设置安全张力或使用系统调压防止挂卡的安全措施。

3. 该电缆多次使用于含硫区块完井作业，电缆受到腐蚀。作业队对电缆腐蚀特性的认识不足，一般对靠近马龙头端的电缆进行了维护，而实际上由于井下油气（含硫化氢）上窜的影响，在距离井底 500～1000m 左右范围内会形成硫化氢富含密集带，其浓度最大，对此范围电缆腐蚀较为严重。

● **控制措施**

1. 认真做好每项工作的安全分析，识别存在的隐患，完善作业程序。

2. 修订完善电缆的检验检查方法及标准，建立电缆使用终身档案,形成检查记录,监督记录。

3. 修订电缆定期清洗制度,尤其经过含硫井作业后,应强制清洗。

4. 严格执行绞车操作规程,尤其在进入套管鞋及出井口时,应降低速度,防止深度误差等原因导致井下事故发生。

记 录 页

记 录 页